PROTOCOLO DE CUIDADOS EN ÚLCERAS POR PRESIÓN

ÍNDICE PARTE I

1.- CUADRO

2.- REVISICIÓN CONCEPTUAL

3.- CRITERIOS DE INCLUSIÓN

4.- OBJETIVOS PARA LA PERSONA

5.- OBJETIVOS PARA LAS ACTUACIONES

6.- FACTORES DE RIESGO

7.- ALTERACIÓN DE LAS NECESIDADES

8.- MATERIAL/EQUIPO

9.- INFORMACIÓN

10.- PROCEDIMIENTOS DE ENFERMERÍA

11.- VALORACIÓN DEL RIESGO

12.- DESCRIPCIÓN DE LOS CRITERIOS UTILIZADOS EN LA NOVA 5
        12.1.- Estado Mental
        12.2.- Incontinencia
        12.3.- Movilidad
        12.4.- Nutrición
        12.5.- Actividad

13.- VALORACIÓN DEL ENTORNO DE CUIDADOS

14.- PREVENCIÓN DE LAS ÚLCERAS POR PRESIÓN

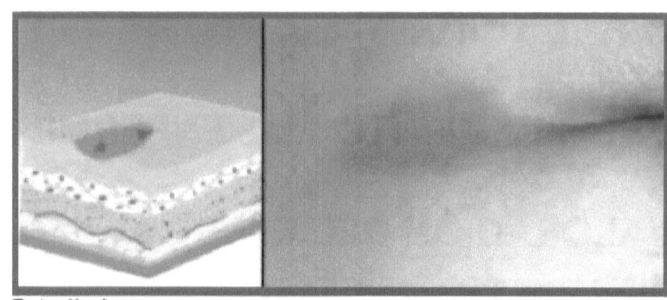
Estadio I

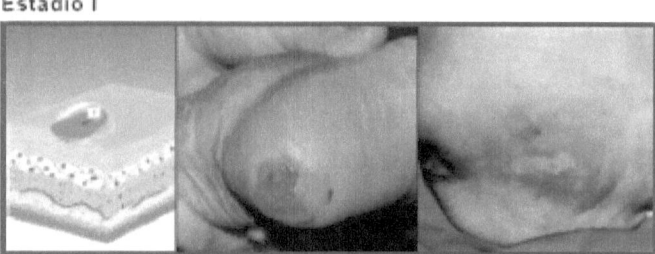
Estadio II

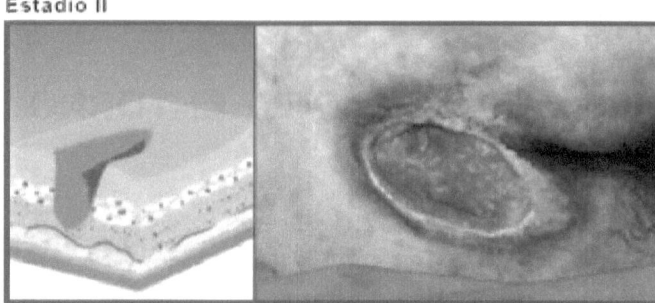
Estadio III

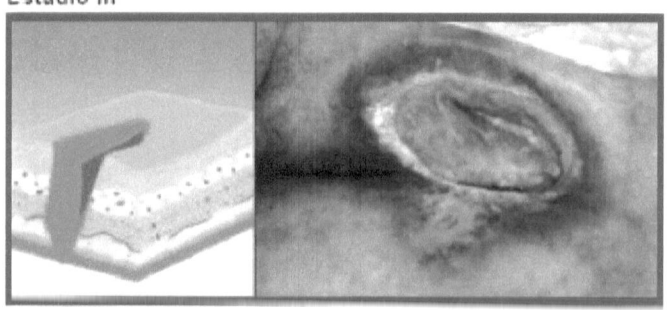

PROTOCOLO DE CUIDADOS EN ÚLCERAS POR PRESIÓN

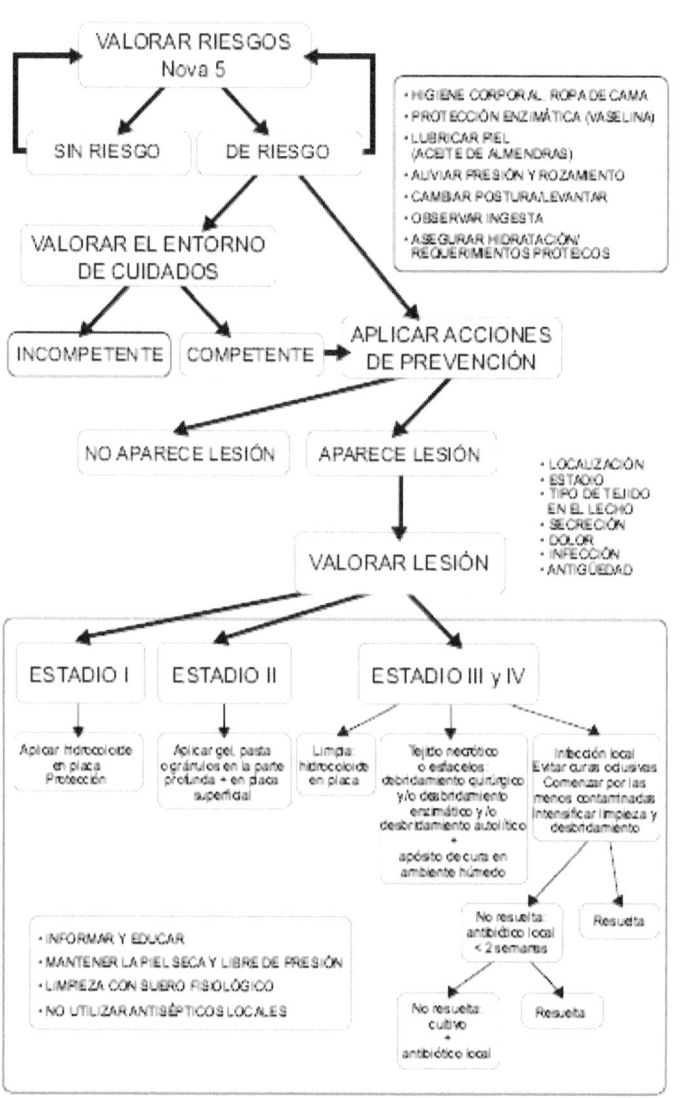

2.- REVISIÓN CONCEPTUAL

El conocimiento enfermero, como dinámico que es, precisa de una revisión periódica de los procedimientos, protocolos y guías de actuación, de manera que se garantice una mejora continua y se asegure un alto nivel de calidad asistencial al usuario, optimizando los recursos y basando nuestras actuaciones en la evidencia científica. Así mismo es fundamental usar taxonomías internacionales para unificar nuestro lenguaje:

- Diagnósticos enfermeros: taxonomía NANDA

- Intervenciones de enfermería: taxonomía NIC

- Resultados de enfermería: taxonomía NOC

Las úlceras por presión (UPP) constituyen la alteración de una necesidad básica para las personas, mantener la integridad de la piel.

Se define UPP como toda lesión de la piel producida al ejercer una presión mantenida sobre un plano o prominencia ósea causando una isquemia que provoca degeneración de dermis, epidermis, tejido subcutáneo, pudiendo afectar incluso músculo y hueso. El GNEAUPP propone la clasificación de las UPP en estadíos según el grado de afectación de los tejidos:

• Estadío I: eritema cutáneo que no palidece, en piel intacta. En pacientes de piel oscura observar edema, induración, decoloración, calor local.

• Estadío II: pérdida parcial del grosor de la piel que afecta a la epidermis, dermis o ambas. Úlcera superficial que tiene aspecto de abrasión, ampolla o cráter superficial.

• Estadío III: pérdida total del grosor de la piel que implica lesión o necrosis del tejido subcutáneo, que puede extenderse hacia abajo pero no por la fascia subyacente.

• Estadío IV: pérdida total del grosor de la piel con destrucción extensa, necrosis del tejido o lesión en músculo, hueso o estructuras de sostén (tendón, cápsula articular, etc.). En este estadío, como en el III, pueden presentarse lesiones con cavernas, tunelizaciones o trayectos sinuosos.

Estas lesiones representan un importante problema de salud con repercusiones sociosanitarias: las sanitarias por la incidencia en la morbimortalidad y el aumento de riesgo de infecciones, y las sociales, por la influencia en la calidad de vida del paciente.

También es importante señalar las repercusiones económicas que las úlceras por presión suponen para el sistema sanitario en el aumento de costes, tanto directos (recursos materiales, tiempo dedicado por el personal asistencial...) como indirectos (relacionados con calidad de vida, con absentismo, con aspectos legales por tratarse de un problema evitable).

La mayoría de las UPP pueden prevenirse (un 95% son evitables) (Hibbs P. 1987) (Waterlow J. 1996) por lo que es importante disponer de estrategias de educación y prevención.

Los cuidados de enfermería se centran en evitar el riesgo y en ayudar a restablecer la máxima autonomía en salud de los pacientes.

Se puede definir también la úlcera por presión como toda lesión de la piel producida cuando se ejerce una presión sobre un plano o prominencia ósea, provocando un bloqueo del riego sanguíneo a este nivel; como consecuencia de lo cual, se produce una degeneración rápida de los tejidos.

Aunque podríamos citar otro gran número de definiciones sobre UPP, el uso de una misma acepción junto con la utilización de una misma clasificación para los estadios que estas pueden presentar nos va a permitir valorar la evolución de las lesiones a la vez que realizar comparaciones entre diferentes realidades.

Pero además conceptos como la calidad, la disminución de riesgos evitables o el de optimización de recursos requieren, así mismo, pasar de experiencias individuales a contextos más generales e integrados en aspectos como la valoración del riesgo de desarrollar úlceras por presión. Aunque también en este aspecto son muchas las escalas diseñadas, y ninguna de ellas adoptada de manera universal, se ha optado por la Nova 5 por consenso de un grupo de profesionales de las unidades implicados en el cuidado de las UPP debido a su claridad y sencillez.

Citar también los requisitos señalados por la GNEAUPP para el tratamiento del paciente con úlceras por presión, y a los que pretendemos dar respuesta con este protocolo:

- Contemplar al paciente como un ser integral.
- Hacer especial énfasis en las medidas de prevención.
- Conseguir la máxima implicación del paciente y la familia en la planificación y ejecución de los cuidados.
- Desarrollar guías de práctica clínica sobre úlceras por presión en el ámbito local con la implicación de la atención comunitaria, atención especializada y la atención socio-sanitaria
- Tomar decisiones basadas en la dimensión coste-beneficio.
- Evaluar constantemente la práctica asistencial e incorporar a los profesionales a las actividades de investigación.

- Configurar un marco asistencial basado en la evidencia científica.

3.- CRITERIOS DE INCLUSIÓN

Está generalmente aceptado que una **presión mantenida más de dos horas** puede ocasionar una lesión. En pacientes terminales o con grave afectación del estado general, el daño tisular puede ocurrir en un tiempo inferior a dos horas. En general se adopta como criterio de inclusión: **Pacientes identificados de riesgo según la Nova 5; pacientes identificados de riesgo según la escala de BRADEN.**

4.- OBJETIVOS PARA LA PERSONA

1. La persona mantiene (o recupera) una piel templada, húmeda, intacta y de color natural. **Referencia NOC 1101: Integridad tisular: piel y membranas mucosas.**

2. La persona o el cuidador principal se muestra capacitada, con conocimiento o eficacia adecuada en el cuidado de la piel y prevención de las UPP. **Referencia NOC 1902: Control del riesgo.**

3. Identificar a la persona con riesgo de desarrollar úlceras por presión.

4. Establecer unos criterios unificados de actuación entre los diferentes niveles asistenciales para la prevención y el cuidado de las UPP.

5. La persona (o la familia) cuenta sentimientos de satisfacción personal por haber conseguido la competencia en el cuidado de la úlcera; y practica hábitos de salud sanos basados en el conocimiento o las capacidades de salud adquiridas.

5.- OBJETIVOS PARA LAS ACTUACIONES

- Identificar la persona con riesgo de desarrollar úlceras por presión.
- Identificar si la persona o el cuidador principal se muestra capacitada, con conocimiento o eficacia adecuada en el cuidado de la piel o de la lesión por presión.
- Mantener el buen estado de la piel, eliminando o disminuyendo la presión y vigilando el estado nutricional del enfermo.
- Caracterizar mediante unos parámetros unificados la evolución de la lesión. Devolver a la piel su integridad física.

6.- FACTORES DE RIESGO

6.1.- Factores permanentes:

- Edad,
- Capacidad física mermada (inmovilidad, parálisis, estado de coma...).

6.2.- Factores variables o patológicos:

- **Factores fisiopatológicos:** Una presión prolongada sobre el tejido o irritación química, la fricción o la deficiencia de oxígeno causa destrucción progresiva de la piel y el tejido subyacente.

- **Signos y síntomas:**

    - Disminución del nivel de conciencia,
    - Inmovilidad y parálisis,
    - Incontinencia,
    - Alteraciones en la nutrición, como estados deficitarios de proteínas, de vitamina C, de oligoelementos como el hierro, cobre y el zinc - que producen una demora en la epitelización y retracción de la herida- así como la obesidad y la caquexia.

- **Enfermedades:** Accidente vascular cerebral, diabetes mellitus, síndrome de Guillai-

Barré, esclerosis múltiple, hemorragia subaracnoidea, hematoma subdural.

- **Lesiones:** Fractura ósea, fractura y compresión de la médula espinal.

- **Factores derivados de los cuidados de salud:**

   - tratamiento médico:
   - sedantes, pues interfieren en la movilidad,
   - corticoides, que pueden actuar sobre los tejidos disminuyendo la resistencia e inhibiendo por tanto la cicatrización,
   - citostáticos, debido al riesgo de necrosis asociado a la quimioterapia endovenosa,
   - uso de sondajes, sistemas para sueroterapia, fijaciones, férulas,
   - reposo prolongado en cama con ausencia o defecto de cambios posturales,
   - exceso o defecto de higiene o uso de jabones inadecuados, alcoholes y/o antisépticos que alteran la flora saprofita de la piel.

7.- ALTERACIÓN DE LAS NECESIDADES

- Respirar,
- dormir y descansar,
- mantenerse limpio,
- evitar los peligros, y
- aprender.

8.- MATERIAL/EQUIPO

8.1.- Material:

- Observación directa, entrevista.
- Hoja de Valoración/Registro de Úlceras por presión.
- Guantes estériles.
- Jabones neutros o sustancias limpiadoras con potencial curativo bajo.
- Productos hidratantes y nutritivos: aceite de almendras.
- Vaselina pomada.
- Absorbentes, salvacamas, etc.
- Apósito hidrocoloide extrafino.
- Cojines, almohadas, colchones antiescaras, protecciones locales, almohadillados, etc.
- Paños.
- Guantes estériles.
- Compresas y gasas estériles.

- Set de curas con: pinzas de disección dentadas, mango de bisturí, hoja de bisturí.
- Solución salina.
- Vendas, almohadillados,...
- Desbridantes enzimáticos.
- Gel de lidocaína 2%.
- Apósitos basados en la cura húmeda:
- Hidrocoloides/hidrorreguladores, en placa, en gránulos, en pasta o en hidrofibra.
.- Alginatos.
.- Hidrogeles, en estructura amorfa, en placa.
.- Poliuretanos.
.- Apósitos Hidropoliméricos.
.- Material necesario para la recogida de cultivo.

8.2.- Personal:

- Enfermera
- Auxiliar de enfermería
- Celador.

9.- INFORMACIÓN

Informar al paciente y/o familia de las situaciones de riesgo que pueden desencadenar una Úlcera por Presión y de la pertinencia de la valoración del riesgo de padecerlas para prevenir la aparición de Úlceras.

Informar al paciente y/o familia de los aspectos que caracterizan una Úlcera por Presión y de la pertinencia de la valoración de aquellos para tratar las Úlceras.

Informar, en general, de los conocimientos básicos de estas lesiones y educar en el espectro completo de cuidados para el tratamiento.

10.- PROCEDIMIENTOS DE ENFERMERÍA

- Valoración del riesgo de úlcera por presión.
- Valoración del entorno de cuidados.
- Prevención de la úlcera por presión.
- Valoración de la lesión.
- Tratamiento de la úlcera por presión.

11.- VALORACIÓN DEL RIESGO

Realizar la valoración según la escala Nova 5 de acuerdo a los cinco aspectos considerados.

NTUACIÓN	ESTADO MENTAL	INCONTINENCIA	MOVILIDAD	NUTRICIÓN INGESTA	ACTIVIDAD
0	Alerta	No	Completa	Correcta	Deambula
1	Desorientado	Ocasional	Ligeramente incompleta	Ocasionalm. con ayuda	Deambula
2	Letárgico	Urinaria o fecal importante	Limitación	Incompleta siempre con ayuda	Deambula
3	Coma	Urinaria y fecal	Inmóvil ni enteral, ni parenteral superior a 72h y/o desnutrición previa	No ingesta oral,	No deambula

Según la puntuación obtenida de la aplicación de la escala se obtienen 4 categorías de riesgo:

0 Puntos —> Sin riesgo.
De 1 a 4 Puntos —> De riesgo bajo.
De 5 a 8 Puntos —> De riesgo medio.
De 9 a 15 Puntos —> De riesgo alto.

La valoración se realizará al ingreso del paciente en la Unidad y con una revisión periódica cada 7 días después de la última, en caso de no observarse cambios relevantes.

Se consideran cambios relevantes:

- Una intervención quirúrgica superior a diez horas.

- La aparición de isquemia por cualquier causa
- Los períodos de hipotensión.
- Las pérdidas de sensibilidad de cualquier origen.

Las pérdidas de movilidad de cualquier origen.

Las pruebas diagnósticas invasivas que requieran reposo de 24 horas, como por ejemplo la arteriografía o el cateterismo cardíaco.

En cualquiera de estos casos se deberá proceder a una nueva valoración.

En los pacientes de alto riesgo o en pacientes ingresados en servicios de cuidados críticos se medirá diariamente.

Se registrará el resultado de la valoración, así como el día de la próxima, en la Hoja de Registro de UPP, o en su ausencia en la Hoja de Evolución de enfermería y se aplicarán los cuidados en función del resultado obtenido –si es identificado de riesgo aplicar acciones de prevención–.

Una escala de valoración del riesgo de UPP es una herramienta de cribaje diseñada para ayudar a identificar a los pacientes que pueden desarrollar una UPP.

Para la valoración del riesgo de deterioro de la integridad cutánea optamos por la escala de Braden, propuestas también en la NIC y por el GNEAUPP.

Esta escala tiene 6 categorías que son: percepción sensorial, exposición a la humedad, actividad, movilidad, nutrición y roce/peligro de lesiones cutáneas.

El resultado de la suma de las puntuaciones obtenidas en las distintas categorías puede oscilar entre 6 y 23 puntos. Según la puntuación se identifican los siguientes grupos de riesgo:

- < 12 = riesgo alto
- 13 – 15 = riesgo medio
- 16 – 18 = riesgo bajo
- > 19 = sin riesgo

En ATENCION ESPECIALIZADA la valoración se realizará al ingreso del paciente en la unidad y se hará una revisión cada 7 días, salvo cambios relevantes. Se consideran cambios relevantes:

1. Una intervención quirúrgica superior a 10 horas.

2. La aparición de isquemia por cualquier causa.

3. Los períodos de hipotensión.

4. Las pérdidas de sensibilidad de cualquier origen.

5. Las pérdidas de movilidad de cualquier origen.

6. Las pruebas diagnósticas invasivas que requieren reposo de 24 horas como la arteriografía o el cateterismo cardíaco.

En los pacientes de alto riesgo o en pacientes ingresados en servicios de cuidados críticos se medirá diariamente.

Se registrará el resultado de la valoración en el soporte papel (hoja de incidencias úlceras por presión) o informático disponible.

En ATENCION PRIMARIA, la valoración se realizará al incluir al paciente en el programa de atención domiciliaria: atención al alta hospitalaria, atención de inmovilizados, atención de personas en situación terminal, atención de ancianos en riesgo y atención a ancianos residentes en instituciones. Se hará una revisión semanal en los pacientes de alto riesgo. En el resto de pacientes se realizará coincidiendo con la visita domiciliaria.

ESCALA DE BRADEN PARA LA MEDICIÓN DEL RIESGO DE DESARROLLAR ÚLCERAS POR PRESIÓN

	1	2	3	4
Percepción sensorial. Capacidad para reaccionar ante una molestia relacionada con la presión.	**1. Completamente limitada:** Al tener disminuido el nivel de conciencia o estar sedado, el paciente no reacciona ante estímulos dolorosos (quejándose, estremeciéndose o agarrándose) o capacidad limitada de sentir dolor en la mayor parte del cuerpo.	**2. Muy limitada:** Reacciona sólo ante estímulos dolorosos. No puede comunicar su malestar excepto mediante quejidos o agitación o presenta un déficit sensorial que limita la capacidad de percibir dolor o molestias en más de la mitad del cuerpo.	**3. Ligeramente limitada:** Reacciona ante órdenes verbales pero no siempre puede comunicar sus molestias o la necesidad de que le cambien de posición o presenta alguna dificultad sensorial que limita su capacidad para sentir dolor o malestar en al menos una de las extremidades.	**4. Sin limitaciones:** Responde a órdenes verbales. No presenta déficit sensorial que pueda limitar su capacidad de expresar o sentir dolor o malestar.
Exposición a la humedad. Nivel de exposición de la piel a la humedad.	**1. Constantemente húmeda:** La piel se encuentra constantemente expuesta a la humedad por sudoración, orina, etc. Se detecta humedad cada vez que se mueve o gira al paciente.	**2. A menudo húmeda:** La piel está a menudo, pero no siempre húmeda. La ropa de cama se ha de cambiar al menos una vez en cada turno.	**3. Ocasionalmente húmeda:** La piel está ocasionalmente húmeda: requiriendo un cambio suplementario de ropa de cama aproximadamente una vez al día.	**4. Raramente húmeda:** La piel está generalmente seca. La ropa de cama se cambia de acuerdo con los intervalos fijados para los cambios de rutina.
Actividad. Nivel de actividad física.	**1. Encamado:** Paciente constantemente encamado/a.	**2. En silla:** Paciente que no puede andar o con deambulación muy limitada. No puede sostener su propio peso y/o necesita ayuda para pasar a una silla o a una silla de ruedas.	**3. Deambula ocasionalmente:** Deambula ocasionalmente, con o sin ayuda, durante el día pero para distancias muy cortas. Pasa la mayor parte de las horas diurnas en la cama o silla de ruedas.	**4. Deambula frecuentemente:** Deambula fuera de la habitación al menos dos veces al día y dentro de la habitación al menos dos horas durante las horas de paseo.
Movilidad. Capacidad para cambiar y controlar la posición del cuerpo.	**1. Completamente inmóvil:** Sin ayuda no puede realizar ningún cambio de la posición del cuerpo o de alguna extremidad.	**2. Muy limitada:** Ocasionalmente efectúa ligeros cambios en la posición del cuerpo o de las extremidades, pero no es capaz de hacer cambios frecuentes o significativos por sí solo/a.	**3. Ligeramente limitado:** Efectúa con ligeros cambios en la posición del cuerpo o de las extremidades por sí solo/a.	**4. Sin limitaciones:** Efectúa frecuentemente importantes cambios de posición sin ayuda.
Nutrición. Patrón usual de ingesta de alimentos.	**1. Muy pobre:** Nunca ingiere una comida completa. Raramente toma más de un tercio de cualquier alimento que se le ofrezca. Diariamente come dos servicios o menos con aporte proteico (carne o productos lácteos). Bebe pocos líquidos. No toma suplementos dietéticos líquidos o está en ayunas y/o en dieta líquida o sueros más de cinco días.	**2. Probablemente inadecuada:** Raramente come una comida completa y generalmente come sólo la mitad de los alimentos que se le ofrecen. La ingesta proteica incluye sólo tres servicios de carne o productos lácteos por día. Ocasionalmente toma un suplemento dietético o recibe menos que la cantidad óptima de una dieta líquida o por sonda nasogástrica.	**3. Adecuada:** Toma más de la mitad de la mayoría de las comidas. Come un total de cuatro servicios al día de proteínas (carne o productos lácteos). Ocasionalmente puede rehusar una comida o tomará un suplemento dietético si se le ofrece o recibe nutrición por sonda nasogástrica o por vía parenteral, cubriendo la mayoría de sus necesidades nutricionales.	**4. Excelente:** Ingiere la mayor parte de cada comida. Nunca rehúsa una comida. Habitualmente come un total de 4 o más servicios de carne y/o productos lácteos. Ocasionalmente come entre horas. No requiere de suplementos dietéticos.
Roce y peligro de lesiones.	**1. Problema:** Requiere de moderada y máxima asistencia para ser movido. Es imposible levantarlo completamente sin que se produzca un deslizamiento entre las sábanas. Frecuentemente se desliza hacia abajo en la cama o silla, requiriendo de frecuentes reposicionamientos con máxima ayuda. La existencia de espasticidad, contracturas o agitación producen un roce casi constante.	**2. Problema potencial:** Se mueve muy débilmente o requiere de mínima asistencia. Durante los movimientos, la piel probablemente roza contra parte de las sábanas, silla, sistemas de sujeción u otros objetos. La mayor parte del tiempo mantiene relativamente una buena posición en la silla o en la cama, aunque en ocasiones puede resbalar hacia abajo.	**3. No existe problema aparente:** Se mueve en la cama y en la silla con independencia y tiene suficiente fuerza muscular para levantarse completamente cuando se mueve. En todo momento mantiene una buena posición en la cama o la silla.	

12.-DESCRIPCIÓN DE LOS CRITERIOS UTILIZADOS EN LA NOVA 5

12.1.- ESTADO MENTAL:

A) Paciente consciente o alerta: Es aquel paciente que está orientado y consciente.

- Puede realizar autocuidados en la prevención del riesgo.
- Podemos hacerle educación sanitaria para la prevención del riesgo.

B) Paciente desorientado: Es aquel que tiene disminuida la orientación en el tiempo y/o en el espacio.

- Puede estar apático.
- No puede realizar autocuidados por sí mismo de prevención del riesgo, necesita de nuestra ayuda.
- No podemos hacerle educación sanitaria para la prevención del riesgo.

C) Paciente letárgico: Es aquel paciente que no está orientado en el tiempo ni en el espacio.

- No responde a ordenes verbales pero puede responder a algún estímulo
- No podemos hacerle educación sanitaria para la prevención del riesgo.
- También tienen el mismo valor los pacientes hipercinéticos por agresividad o irritabilidad.

D) Paciente inconsciente o comatoso: Es aquel paciente que tiene perdida de consciencia y de sensibilidad.

- No responde a ningún estímulo. Puede ser un paciente sedado.

12.2.- INCONTINENCIA

A) Paciente continente: Es aquel paciente que tiene control de esfínteres.

- Puede ser portador de sondaje vesical permanente.

B) Paciente con incontinencia ocasional: Es aquel que tiene el reflejo de cualquiera de los esfínteres disminuido o alterado.

- Puede llevar un colector urinario.

C) Paciente con incontinencia urinaria o fecal: Es aquel paciente que no tiene control del esfínter vesical o fecal y en caso de incontinencia urinaria no lleva sondaje vesical ni dispositivo colector.

D) Paciente con incontinencia urinaria y fecal: Es aquel paciente que no tiene control de ningún esfínter.

12.3.- MOVILIDAD

A) Paciente con movilidad completa: Es aquel paciente que tiene un grado de autonomía total.
- El tiempo de inmovilidad se ajusta al mínimo necesario.

B) Paciente con limitación ligera en la movilidad: Es aquel paciente que tiene una ligera limitación que induce a un aumento del tiempo de inmovilidad por causas externas (procedimientos terapéuticos invasivos, sonda nasogástrica, cateterización venosa o vesical, drenajes, ferulas, yesos, etc).

- No necesita ayuda para cambiar de posición.

C) Paciente con limitación importante en la movilidad: Es aquel paciente que tiene una limitación importante tanto por causas externas (procedimientos terapéuticos invasivos, sonda nasogástrica, cateterización venosa o vesical, drenajes, férulas, yesos, etc) como por causas propias (ACVA, amputación de miembros inferiores sin prótesis, paraplejia), que le produce un aumento del tiempo de inmovilidad. Siempre necesita ayuda para cambiar de posición.

D) Paciente immóvil o encamado 24 horas: Es aquel paciente que tiene disminuida el máximo de su movilidad y siempre necesita ayuda de agentes externos para moverse: es completamente dependiente.

12.4.- NUTRICIÓN

A) Paciente con nutrición correcta: Es aquel que tiene un buen estado nutricional e hídrico, entendido este como el volumen y tolerancia de la dieta. Tiene cubiertas las necesidades mínimas diarias y no tiene deficiencias nutricionales anteriores conocidas. Tiene una constitución física normal.

Puede ser por:

- Comer siempre la dieta pautada.
- Lleva nutrición enteral o parenteral adecuada.
- Está en ayunas menos de tres días para prueba diagnóstica, intervención

quirúrgica o causa similar.

B) Paciente con nutrición ocasionalmente incompleta: Es aquel paciente en el que el volumen o la tolerancia de su nutrición diaria son ocasionalmente deficitarias. Tiene una constitución física que demuestra exceso o defecto de peso.

Puede ser por:

- Dejar ocasionalmente parte de la dieta oral (platos proteicos) o presentar alguna intolerancia a la nutrición enteral o parenteral.

C) Paciente con nutrición incompleta: Es aquel paciente que no tiene cubiertas sus necesidades nutricionales e hídricas mínimas diarias y tiene deficiencias anteriores conocidas (hipovitaminosis, hipoproteinemia,...) Puede presentar sobrepeso, caquexia o normopeso.

Puede ser por :

- Dejar diariamente parte de la dieta oral (platos proteicos).
- Tener un aporte deficiente de líquidos orales o parenterales (tanto si es por prescripción como por inapetencia)
- Por intolerancia digestiva crónica mantenida: diarrea y/o vómitos.

D) Paciente sin ingesta oral: No tiene ingesta oral por cualquier causa. Es aquel paciente que no tiene cubiertas sus necesidades nutricionales e hídricas mínimas diarias y/o además tiene desnutrición previa comprobada con una determinación normal de laboratorio (albúmina < 30 mg. proteinas < 60mg) y/o perdida importante actual de peso (hipovitaminosis, hipoproteinemia,...). Puede ser también por no tener ingesta oral, enteral ni parenteral por cualquier causa más de 72 horas.

12.4.- ACTIVIDAD

A) Paciente que deambula: Tiene deambulación autónoma y actividad completa.

B) Paciente que deambula con ayuda: Tiene alguna limitación para la deambulación y algunas veces necesita ayuda externa para deambular (soporte humano, bastones, muletas).

C) Paciente que siempre precisa ayuda: No puede deambular (silla de ruedas o andadores). Siempre necesita ayuda externa y de medios auxiliares para deambular.

D) Paciente encamado: No puede deambular. Está encamado las 24 horas. Puede tener períodos cortos de sedestación.

¿Cómo evitarlas?

En muchos casos, las úlceras se pueden evitar, o retrasar su aparición, siguiendo los consejos que el personal sanitario que atiende a la persona que cuida le dé.

1. Cambios posturales:

Teniendo en cuenta, como ya hemos referido, que la causa principal de la aparición de la UPP es la presión mantenida sobre un mismo punto de la piel, es fundamental que se hagan rotaciones de los puntos de apoyo de la persona que permanece en cama o sentada, de forma periódica y programada.

En personas encamadas, cada 2-3 horas. En sedestación cada hora; si es independiente para ello, cada 15-30 minutos, moviéndose para descargar el peso de las nalgas.

Importante: *evite mover a la persona arrastrándolo sobre la ropa de la cama.*

Si fuese necesario elevar la cabecera de la cama, no sobrepasar los 30º y durante el menor tiempo posible.

2. Movilización:

Movilización adecuada, para favorecer la buena circulación de las diferentes zonas y evitar las rigideces articulares. En el caso de las personas capaces deberemos aprovechar su capacidad de movimiento, facilitando y fomentando su actividad física.

En caso de personas sin movilidad, debemos realizar movilizaciones pasivas de las articulaciones, aprovechando los cambios posturales, de forma que se haga todo el recorrido de la articulación, sin llegar a producir dolor.

Estos movimientos se realizarán 3-4 veces al día.

13.- VALORACION DEL ENTORNO DE CUIDADOS

Observar dificultades en la comunicación; signos reales de que la persona tiene dificultad para enviar y recibir mensajes - tartamudeo, balbuceo, disartria, respuesta emocional inadecuada, falta de interés en la comunicación,...

Observar la preparación para aprender, signos como observar con curiosidad, hacer preguntas sobre el tema,...

Observar la preparación para asumir el cuidado:

1. La persona (o la familia) dice que es capaz de manejar su problema y saber cómo hacerlo:

- La persona o miembros de la familia tienen información suficiente.
- La información es correcta.
- Comprende las causas y los efectos.
- Sabe dónde puede obtener conocimiento adicional si es necesario.

2. La persona (o la familia) demuestra la capacidad para manejar el problema o ejecutar la tarea:

- La persona o familia realiza los tratamientos y procedimientos prescritos.
- La tarea se realiza sin riesgo.
- Los métodos se realizan según lo prescrito y se demuestra correctamente.

La competencia para el cuidado se determinará por rendimiento y será la enfermera responsable de la persona la que determine si los cambios son aceptados significativamente.

Se registrará el resultado de la valoración, así como el día de la próxima valoración, en la Hoja de Registro de UPP, o en su ausencia en la Hoja de Evolución de enfermería. Si tiene la voluntad para aprender y /o asumir el cuidado aplicaremos actuaciones de educación.

14.- PREVENCIÓN DE LAS ÚLCERAS POR PRESIÓN

Realizar higiene diaria con agua y jabón neutro según procedimiento; así como baño local cuando:

- se observe un área corporal húmeda –el paciente puede presentar comportamientos como llanto, permanecer con las piernas separadas, quitarse la ropa, girarse y permanecer en un lado de la cama. La piel puede estar enrojecida y fisurada o presentar un exantema rojizo –;

- el paciente refiera molestias por humedad –ropa de vestir o cama húmedas o frías, escalofríos.

Al realizar la higiene: Eliminar pomadas y polvos.

Observar la integridad de la piel diariamente mientras se realiza la higiene.

Aclarar y secar bien la piel, entre los dedos y pliegues.

Aplicar vaselina (para proteger contra el daño enzimático por la saliva, diarrea, drenaje de fístula) tras la higiene diaria o baño local en zonas potencialmente húmedas.

Lubricar la piel con aceite de almendras tras el baño, utilizar compuesto lipídico tópico (1) en zonas de riesgo.

Masajear muy suavemente con el aceite de almendras tras la higiene. No masajear áreas rojas/eritemas.

Mantener la ropa de cama limpia, seca y sin arrugas.

Proporcionar ropa limpia (si presenta molestias por humedad).

Si el paciente presenta incontinencia:

- Aplicar sonda urinaria externa o colocar una bolsa de recogida en el periné.
- Proteger con pañales absorbentes.
- Cambiar inmediatamente el pañal húmedo.

Prevenir y aliviar la presión y el rozamiento con los materiales con que cuenta el hospital: almohadas, piel de oveja, colchones, etc. Use una superficie estática si el paciente puede asumir varias posiciones sin apoyar su peso sobre la (1) tipo Corpitol úlcera por presión, o una superficie dinámica de apoyo, colchones de aire alternante para enfermos de medio y alto riesgo, si es incapaz de asumir varias posiciones sin que su peso recaiga sobre la úlcera/s.

Colocar apósitos hidrocoloides transparentes/ extrafinos en puntos de fricción.

Colocar almohadas (para reducir la presión)

Vigilar sondas, vías centrales, drenajes y vendajes, evitando la presión constante en una zona que pueda provocar úlceras.

Cambiar de postura de forma individualizada y siguiendo una rotación programada cada 2-3 horas durante el día, y cada 4 horas durante la noche (según procedimiento de movilización del paciente).

Levantar al sillón siempre que el estado del paciente lo permita. Cuando se ha formado una úlcera sobre las superficies de asiento, deberá evitarse que permanezca sentado. Si precisara levantar al sillón por otras consideraciones de su patología procurar un dispositivo de alivio. Nunca utilizar dispositivos tipo flotador o anillo.

Observar y anotar la ingesta de alimentos y líquidos. Registrar las cantidades y las clases de alimentos sólidos, semisólidos y líquidos que el paciente toma cada 24 h.

Asegurar una hidratación adecuada del enfermo (aporte hídrico: 30cc. De agua/día x Kg de peso).

Administrar suplementos hiperproteicos de nutrición enteral (para evitar situaciones carenciales; si ya presenta úlceras, considerar que las necesidades nutricionales de una persona con úlceras por presión están aumentadas).

www.ingramcontent.com/pod-product-compliance
Lightning Source LLC
Chambersburg PA
CBHW021856170526
45157CB00006B/2472